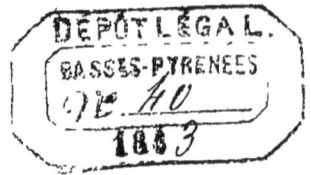

ANALYSE

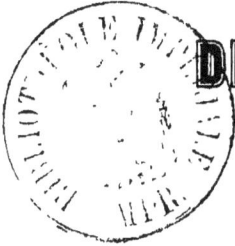

DES EAUX MINÉRALES

DE

SAINT-CHRISTAU DE LURBE,

PAR M. E. FILHOL,

DIRECTEUR DE L'ÉCOLE DE MÉDECINE DE TOULOUSE,
PROFESSEUR DE CHIMIE A LA FACULTÉ DES SCIENCES DE CETTE VILLE,
MEMBRE CORRESPONDANT DE L'ACADÉMIE IMPÉRIALE DE MÉDECINE,
CHEVALIER DE LA LÉGION-D'HONNEUR.

PAU,

IMPRIMERIE DE É. VIGNANCOUR.

1863.

ANALYSE DES EAUX MINÉRALES

DE

SAINT - CHRISTAU DE LURBE.

Les sources de St-Christau n'ont été l'objet d'aucun travail chimique un peu complet. Quelques essais d'analyse qualitative, exécutés par M. Pommier, pharmacien à Salies, sur de l'eau transportée loin de sa source, sont les seuls documents que l'on possède aujourd'hui.

C'est pour combler cette lacune que j'ai entrepris, sur l'invitation de M. le comte de Barraute, propriétaire de l'établissement de St-Christau, et de M. le docteur Tillot, médecin-inspecteur de cette station thermale, des recherches ayant pour but de faire connaître, aussi bien que le permet l'état actuel de la science, la composition de ces eaux.

Il existe à St-Christau deux établissements distincts; savoir : celui des bains vieux et celui des bains de la rotonde. Le premier est alimenté par une source très abondante connue sous le nom de source des deux arceaux. Il serait facile d'y conduire, si les besoins du service l'exigeaient, d'autres eaux de la même nature qui naissent à une petite distance de celle des arceaux, soit dans l'enceinte même des bâtiments, soit sur le chemin qui conduit aux bains vieux.

L'eau minérale qui entretient les bains de la rotonde est fournie par deux griffons situés à peu de distance l'un de l'autre. On les distingue sous les noms de source douce et de source froide.

Enfin au voisinage de l'établissement de la rotonde existe une buvette alimentée par une eau minérale différente de celles que nous venons de mentionner, car celle-ci est franchement sulfureuse tandis que les premières ne le sont pas. On la désigne sous le nom de source du pêcheur.

D'après M. Pomier, l'eau des bains vieux et celle des bains de la rotonde contiendraient les mêmes éléments; savoir : des carbonates de chaux et de magnésie, du chlorure de calcium, une matière extractive et de la glairine.

L'une de ces sources que M. Pomier désigne sous le nom d'eau des cagots, renfermerait en outre du sulfure de calcium.

L'eau du pêcheur serait minéralisée par les substances suivantes : carbonates de chaux et de magnésie, sulfate de chaux, matière extractive, sulfure de potassium.

Aucune des sources de l'ancien établissement ne présente aujourd'hui les caractères d'une eau sulfureuse.

Il paraît certain cependant que l'une d'elles, celle qui naît sur le chemin, devant l'établissement lui-même, répandait autrefois une odeur bien manifeste d'hydrogène sulfuré, mais cela n'a plus lieu depuis longtemps. Il est également certain que l'eau des deux arceaux contracte brusquement à certaines époques de l'année, et surtout en automne, à la suite de pluies un peu prolongées, une odeur et une saveur hépatiques bien prononcées. Ce phénomène, dont je ne pourrais pas donner une explication satisfaisante, ne dure qu'un petit nombre de jours; d'ailleurs il n'est pas particulier aux sources de St-Christau, car on l'observe tous les ans, et dans les mêmes circonstances à Bagnères-de-Bigorre dans l'établissement de Salut.

Des essais multipliés m'ont démontré que tous les griffons d'eau minérale qui naissent dans la petite cour où se trouve la source des bains vieux ont la même température et la même composition chimique. La source qui naît sur le chemin, devant les bains vieux, possède une température un peu supérieure à celle de l'eau des arceaux.

Je vais donc rapporter les résultats de l'analyse des eaux suivantes :

1° Source des arceaux.
2° id. du chemin.
3° id. douce de la rotonde.
4° id. froide de la rotonde.
5° id. du pêcheur.

Les recherches dont je vais donner les détails ont été exécutées en grande partie à St-Chsistau. J'ai fait auprès des sources le dosage des gaz et celui de tous les éléments minéralisateurs qui étaient susceptibles de s'altérer pendant le transport à une distance un peu considérable.

J'ai employé environ dix kilogrammes d'eau pour la détermination en poids de chacune des substances que l'analyse qualitative m'avait fait reconnaître.

Les réactifs dont je me suis servi ont tous été l'objet d'un examen attentif. J'en ai vérifié la pureté d'une manière toute spéciale lorsqu'il s'est agi de la recherche du cuivre, de l'iode et de l'arsenic.

Afin de ne pas donner à ce travail une étendue trop considérable je vais indiquer avec soin la marche que j'ai suivie pour analyser l'eau de la source des deux arceaux, je me contenterai en ce qui concerne les autres de donner les résultats définitifs. Cependant lorsqu'il s'agira de la source du pêcheur j'entrerai dans quelques détails relatifs au dosage du sulfure de calcium, de l'hyposulfite de chaux et à la recherche de l'acide borique.

Source des deux arceaux.

L'eau des deux arceaux est limpide , sans couleur et ordinairement sans odeur. (J'ai dit plus haut qu'elle contracte à certaines époques de l'année une odeur sulfureuse.)

La saveur est styptique comme celle des eaux ferrugineuses en général , et pourtant on n'aperçoit ni dans le bassin où se trouve son griffon, ni dans aucune partie des canaux qu'elle parcourt aucun dépôt de couleur ochracée.

Sa température est de 13° 50 centigrades

Recherche et dosage des substances gazeuses.

Pour connaître la nature et la quantité des gaz contenus dans cette eau, j'en ai rempli un grand ballon dont la capacité avait été soigneusement déterminée ; j'ai adapté à ce ballon un bouchon traversé par un tube de verre convenablement recourbé pour conduire les produits gazeux sous une cloche graduée. A l'extrémité du tube qui venait déboucher sous la cloche j'ai assujeti un tube de caoutchouc que j'ai fait parvenir jusqu'au sommet de cette dernière. Les choses étant ainsi disposées j'ai fait chauffer graduellement le ballon de manière à faire bouillir le liquide ; j'ai eu soin d'interrompre de temps en temps l'ébullition et de laisser refroidir suffisamment l'appareil pour que l'eau de la cloche rentrat par absorption dans le ballon au moyen du tube de caoutchouc que je retirais de façon à ce que son extrémité ouverte plongeât dans le liquide. Lorsque le ballon était de nouveau rempli, je fesais remonter le tube de caoutchouc dans la portion de la cloche où était le gaz, et je recommençais la même série d'opération.

Un litre d'eau des deux arceaux a donné ainsi 59,40 centimètres cubes de produit gazeux.

Ce gaz ayant été agité avec de la potasse caustique son volume s'est réduit à 32 c. c.

La portion non absorbée par la potasse a été soumise à l'action prolongée du phosphore. Il n'est plus resté après cette deuxième opération que 24c 60c de gaz.

Ce résidu était de l'azote.

En définitive j'ai retiré d'un litre d'eau minérale :

Acide carbonique........ 27,40
Azote..................... 24,60
Oxygène................. ... 7,40
                    Total......... 59c40c

Les volumes ci-dessus mentionnés sont ceux de la masse gazeuse ramenée à zéro et à la pression de 0,76.

Dosage de l'acide carbonique.

La proportion d'acide carbonique a été déterminée en ajoutant à un volume connu d'eau minérale un excès de chlorure de barium ammoniacal. Le mélange a été renfermé dans des bouteilles qu'il remplissait en entier et qu'on bouchait hermétiquement. Après deux jours de repos le liquide clair qui surnageait le précipité rassemblé au fond des bouteilles a été rapidement décanté.

J'ai recueilli le précipité sur un filtre, je l'ai soumis à des lavages réitérés, je l'ai fait sécher ensuite et j'en ai déterminé le poids.

Dix kilogrammes d'eau m'ont fourni 6gr 333 de carbonate de baryte mêlé avec un peu de sulfate de cette base.

Pour déterminer la proportion du sulfate on a traité le mélange par de l'acide azotique étendu qui l'a dissous presqu'en entier en produisant une vive effervescence.

Le poids de la partie insoluble lavée et bien séchée était de 0gr 160. Le précipité total contenait par conséquent 6gr 172 de carbonate de baryte représentant 1gr 380 d'acide carbonique.

Détermination du chlore.

Dix kilogrammes d'eau minérale ont été réduits par évaporation à un litre. Dans le liquide concentré j'ai versé successivement un peu d'acide azotique pur et un excès d'azotate d'argent. J'ai obtenu un précipité de chlorure d'argent qui a été soumis à des lavages convenables, je l'ai fait sécher ensuite et enfin je l'ai fait fondre avant de le peser.

Son poids était de 1^{gr} 351 ; ce qui correspond à 0^{g} 329 de chlore.

Recherche du brome et de l'iode.

Dans vingt kilogrammes d'eau de la source des arceaux j'ai fait dissoudre dix grammes de bi-carbonate de potasse pur et j'ai fait évaporer le tout à siccité. La matière saline provenant de cette opération a été réduite en poudre et épuisée par de l'alcool bouillant. Le soluté alcoolique ayant été lui-même évaporé a siccité, j'ai calciné au rouge sombre le résidu qu'il avait fourni, je l'ai traité ensuite par quelques gouttes d'eau distillée. La liqueur ainsi obtenue a été divisée en deux moitiés, j'ai ajouté à la première successivement de la colle d'amidon et de très petites quantités d'acide azotiques chargé de vapeurs nitreuses. J'ai obtenu ainsi une coloration rose tirant un peu sur le violet.

J'ai versé dans la deuxième moitié des quantités très faibles d'une solution d'hypochlorite de chaux marquant un dixième de degré chlorométrique. Aucune trace de brome libre n'a paru dans le mélange.

Dosage du cuivre.

Après avoir acidulé vingt kilogrammes d'eau par de l'acide chlorhydrique très pur on les a réduits par évaporation à un centilitre, on y a fait passer alors un courant d'acide sulfhydrique, et on a abandonné le tout au repos pendant 24 heures. Un léger précipité brun s'est rassemblé au fond du vase. On a décanté la liqueur limpide qui le surnageait, on a lavé le précipité à plusieurs reprises avec de l'eau chargée d'acide sulfhydrique en ayant soin de le laisser déposer chaque fois et de décanter le liquide surnageant. Enfin on a traité le précipité bien lavé par un peu d'eau régale, à chaud, et on a décomposé la solution ainsi obtenue par de la potasse caustique. Il s'est produit un léger précipité noir qu'on a recueilli, lavé et séché avec soin. Il pesait 0^{gr} 0030. Ce précipité possédait toutes les propriétés de l'oxyde de cuivre.

Dosage de la silice.

Dix kilogrammes d'eau minérale ont été acidulés par de l'acide chlorhydrique très pur, on a fait évaporer le mélange à siccité pour rendre la silice insoluble. On a repris la masse sèche par de l'acide chlorhydrique faible, et on a recueilli sur un filtre la matière qui a refusé de se dissoudre, on l'a soumise à des lavages réitérés avec de l'eau distillée, on l'a faite sécher ensuite et on l'a calcinée au rouge sombre après l'avoir détachée aussi bien que possible du filtre qui a été lui-même incinéré à part sur le couvercle du creuset. Le poids de la silice ainsi obtenue s'élevait à 0^{gr} 0870.

Recherche du fluor.

J'ai consacré la liqueur acide qui avait été séparée de la silice dans l'opération précédente à la recherche du fluor.

Pour cela je l'ai saturée par l'ammoniaque et j'ai obtenu un précipité gélatineux dans lequel devaient se trouver à la fois les phosphates terreux, l'alumine, le sesquoxyde de fer, l'oxyde de manganèse et les fluorures. Après avoir lavé ce précipité à plusieurs reprises, je l'ai mis dans un petit creuset de platine et je l'ai arrosé avec de l'acide sulfurique purifié avec un grand soin. Le creuset a été recouvert avec une lame de quartz bien polie dont la face tournée vers l'intérieur était enduite d'une couche mince de cire sur laquelle on avait gravé quelques traits avec une plume d'oie de manièreà mettre à nu le quartz sur certains points. La face tournée vers l'extérieur du creuset a été recouverte d'eau froide. J'ai fait chauffer alors doucement le vase pendant trois quarts d'heure et j'ai eu le soin de renouveller à plusieurs reprises l'eau placée sur la plaque pour l'entretenir à une basse température. Au bout de ce temps j'ai enlevé le vernis de cire et j'ai regardé si aucun des traits que j'avais tracés n'apparaissait sur le quartz. L'examen le plus attentif ne m'en a pas fait apercevoir le moindre vestige.

Dosage de l'acide phosphorique.

J'ai acidulé dix kilogrammes d'eau par de l'acide azotique pur et la liqueur a été réduite à siccité. Le résidu repris par de l'acide azotique étendu a été soumis à une filtration pour séparer la silice. J'ai versé alors un excès d'ammoniaque dans le liquide et j'ai obtenu un précipité contenant le fer et les phosphates.

(Des recherches minutieuses dont je supprime les détails ne m'avaient pas permis de découvrir une quantité appréciable d'alumine dans l'eau des arceaux). Après avoir lavé convenablement ce précipité je l'ai redissous dans une quantité aussi faible que possible d'acide azotique.

Dans la solution ainsi préparée j'ai fait passer un courant d'acide sulfhydrique pour ramener le fer au minimum d'oxydation ; j'ai éliminé ensuite l'excès d'hydrogène sulfuré au moyen d'un courant d'acide carbonique ; enfin dans la liqueur ainsi préparée j'ai ajouté de l'azotate de bismuth en solution étendue. J'ai obtenu ainsi un précipité de phosphate de bismuth que j'ai rassemblé sur un très petit filtre où il a été lavé à plusieurs reprises. Je l'ai fait sécher et j'en ai déterminé le poids.

Il était de 0^{gr} 0300 et représentait 0^{gr} 0070 d'acide phosphorique.

La solution au sein de laquelle s'était précipité le phosphate de bismuth contenait le fer. Je l'ai traitée par un courant d'hydrogène sulfuré pour séparer l'excès de bismuth qu'elle contenait encore. Je l'ai filtrée et je l'ai faite bouillir afin de chasser jusqu'aux dernières traces d'acide sulfhydrique, enfin j'y ai fait passer quelques bulles de chlore pour porter le fer au maximum d'oxydation, j'ai éliminé l'excès de chlore par une ébullition peu prolongée, j'ai saturé ensuite la liqueur avec un très grand soin par l'ammoniaque et j'y ai versé du succinate d'ammoniaque. Il s'est produit un volumineux précipité de succinate de fer qui a été recueilli sur un filtre où il a subi des lavages multipliés; je l'ai calciné ensuite pour le transformer en sesquioxyde de fer.

J'ai obtenu ainsi 0^{gr} 0200 de sesquioxyde.

Recherche du manganèse.

En versant quelques gouttes de sulfhydrate d'ammoniaque dans la liqueur séparée par filtration du succinate de fer, j'ai obtenu des traces d'un précipité couleur de chair. Ce précipité a produit un peu de caméléon minéral, quand on l'a calciné avec un mélange de potasse et de chlorate de potasse.

Dosage de l'acide sulfurique.

L'acide sulfurique a été dosé à l'état de sulfate de baryte, suivant le procédé généralement adopté par les chimistes; dix kilogrammes d'eau minérale m'ont donné $0^{gr}1688$ de sulfate de baryte, représentant $0^{gr}0600$ d'acide sulfurique.

Dosage de la chaux.

Pour effectuer ce dosage on a versé dans dix kilogrammes d'eau, réduite par évaporation à un litre, du sel ammoniac et de l'oxalate d'ammoniaque. Le précipité d'oxalate de chaux qui s'est produit a été recueilli, lavé, séché et transformé en carbonate suivant la méthode ordinaire.

Le poids du carbonate ainsi obtenu s'est élevé à $1^{gr}610$, représentant $0^{gr}9027$ de chaux.

Dosage de la magnésie.

On a utilisé pour le dosage de la magnésie la liqueur dépouillée de chaux provenant de l'opération précédente. On y a versé dans ce but de l'ammoniaque et du phosphate de soude. Il s'est manifesté sur le champ un précipité floconneux de phosphate ammoniaco-magnésien qui a été rassemblé sur un filtre 24 heures après que le mélange avait été effectué. On a lavé ce précipité avec de l'eau distillée contenant un sixième de son volume d'ammoniaque, enfin on l'a desséché, et on l'a calciné au rouge vif. Le résidu de ces opérations consistait en pyrophosphate de magnésie. Il pesait 0,5200 et représentait $0^{gr}1900$ de magnésie.

Recherche de la matière organique.

J'ai fait évaporer à siccité, à une douce chaleur dix

kilogrammes d'eau de la source de la source des arceaux. Le résidu de cette opération a été soumis à une chaleur graduellement croissante. Il a pris une teinte brune qui a disparu lorsqu'on a élevé la température jusqu'au rouge sombre.

Dosage des alcalis.

En épuisant par l'eau distillée le résidu sec de l'opération précédente, j'ai dissous les sels alcalins et les sels solubles de chaux et de magnésie qu'il renfermait.

Dans la liqueur ainsi obtenue j'ai versé de l'eau de baryte par petites portions jusqu'au moment où une nouvelle addition de ce réactif n'y a plus occasionné de précipité. J'ai filtré le mélange, et j'ai éliminé par du carbonate d'ammoniaque l'excès de baryte contenu dans la solution. Le carbonate de baryte qui s'est produit a été séparé par filtration, et lavé à l'eau distillée. J'ai fait évaporer à siccité la liqueur claire, et le résidu a été soumis à une calcination prolongée, à la température du rouge sombre, on l'a laissé refroidir ensuite et on l'a épuisé par de l'eau distillée; on a filtré la solution, on l'a acidulée par l'acide chlorhydrique pur et on l'a faite évaporer à siccité. Le résidu pesait $0^{gr} 2980$. Il consistait en chlorure de sodium contenant à peine quelques traces de chlorure de potassium.

Recherche de la lithine.

La lithine a été recherchée dans les sels provenant du dosage des alcalis. On les a fait dissoudre dans une petite quantité d'eau distillée, on a versé successivement dans le soluté de la soude caustique et du phosphate de soude. Il s'y est formé un léger précipité de phosphate sodico-lithique. L'examen de ce précipité au moyen du spectroscope ne laissait pas de doute sur l'existence de la lithine dans l'eau thermale qui nous occupe.

Recherche de la baryte et de la strontiane.

L'assortiment minéral des eaux de St-Christau était de nature à faire soupçonner qu'elles pourraient contenir des traces de baryte et de strontiane. J'ai inutilement cherché à les découvrir dans l'eau elle-même en usant des moyens ordinaires. Je rapporterai plus loin les essais que j'ai faits à l'aide du spectroscope sur les dépôts abandonnés par l'eau dans l'une des chaudières de l'établissement.

Recherche de l'arsenic.

Je n'ai pas pu déceler l'arsenic dans l'eau de la source des arceaux, mais j'en ai trouvé une très petite quantité dans le dépôt qui se produit dans les chaudières où on la fait chauffer.

C'est en vain que j'ai cherché à constater l'existence de l'acide borique dans l'eau des arceaux.

En résumé j'ai retiré d'un kilogramme d'eau de la source des arceaux :

Acide carbonique......................	0^{gr} 1380
id. silicique........................	0 0080
id. sulfurique...	0 0060
id. phosphorique.....................	0 0006
Soude.......	0 0158
Potasse............................	traces
Lithine........	id.
Chaux.............................	0 0902
Magnésie...	0 0190
Oxyde de fer......................	0 0020
id. de manganèse.................	traces

Oxyde de cuivre.....................	0 00015
Chlore..............................	0 0329
Iode...............................	traces
Matière organique..................	id.
Arsenic............................	id.
	0, 31265

La facilité avec laquelle cette eau minérale se dépouille par une ébullition prolongée de la majeure partie de l'acide carbonique et de la chaux qu'elle renferme autorise à penser qu'elle contient du carbonate de chaux. Cette présomption devient une certitude quand on examine la nature du dépôt qui s'y forme lorsqu'on la fait bouillir pendant longtemps en ayant soin de remplacer par de l'eau distillée les portions de liquide qui s'évaporent. En effet, ce dépôt est formé en entier de carbonate de chaux, de carbonate de magnésie et d'oxyde de fer.

Le chlore dont l'analyse décèle l'existence dans l'eau de St-Christau, me paraît devoir s'y trouver, au moins, en partie, à l'état de chlorure de sodium ; mais sa quantité étant supérieure à celle qui serait équivalente à la soude on est obligé d'admettre l'existence d'un peu de chlorure de calcium ou de chlorure de magnésium $0^{gr}158$ de soude représentant 0^{gr} 0297 de chlorure de sodium contenant 0^{gr} 0180 de chlore. Il reste donc 0,0149 de ce dernier corps correspondant à 0,0230 de chorure de calcium.

Si de la quantité totale de chaux (0,0902) nous déduisons celle que nous regardons comme provenant du chlorure de calcium (0,0120), il reste 0^{gr} 0782 de cette base à répartir entre les acides sulfurique, silicique, phosphorique et carbonique.

0^{gr} 0080 de silice exigent 0,059 de chaux pour former du silicate neutre de chaux. D'autre part, 0^{gr} 0060 d'acide sulfurique en exigent 0,0090 pour former du sulfate de chaux ; enfin 0,0006 d'acide phosporique exigent 0,0024 de chaux pour produire du phosphate neutre de cette base.

Il reste en définitive 0,0609 de chaux qui forment en s'unissant à 0,0957 d'acide carbonique $0^{gr}1566$ de bi-carbonate de chaux.

$0^{gr}0190$ de magnésie correspondent à $0^{gr}0587$ de bi-carbonate de cette base.

$0^{gr}0020$ de sesquioxyde de fer représentent 0,0040 de bi-carbonate de protoxyde.

Je suppose que le cuivre existe dans l'eau des arceaux à l'état de sulfate parce que selon toute apparence il provient de l'oxydation de pyrites cuivreuses ;

0,00015 d'oxyde de cuivre correspondent à 0,00035 de sulfate de cuivre anhydre.

En résumé je crois pouvoir représenter ainsi qu'il suit la composition de l'eau de la source des arceaux :

Bicarbonate de chaux	0^{gr}	1566
id. de magnésie........	0	0587
id. de fer.	0	0040
id. de lithine................		traces
id. de manganèse...........		id.
Phosphate de chaux.......	0	0013
Silicate de chaux....................	0	0139
Sulfate de chaux... .. .,........	0	0096
id. de cuivre.......	0	00035
Chlorure de sodium..................	0	0297
id. de potassium...............		traces
id. de calcium....'........,.....	0	0230
id. de magnésium.............		traces
Iode...		id.
Arsenic..........................		id.
Matière organique..................		id.
Acide carbonique libre...............	0	0160
TOTAL...........	0	31315

L'analyse de l'eau de la source du chemin et des deux sources de la rotonde a été conduite comme la précédente. Je rapporterai à la fin de ce travail les résultats que j'ai obtenus.

L'eau sulfureuse a nécessité, comme je l'ai dit plus haut, quelques recherches particulières que je vais exposer.

Le dosage de l'élément sulfureux a été fait au moyen d'une dissolution titrée d'iode.

Le degré sulfhydrométrique ayant été déterminé à la manière ordinaire j'en ai vérifié l'exactitude en procédant à de nouveaux essais sur de l'eau à laquelle j'avais mêlé du chlorure de barium, et sur de l'eau désulfurée par l'acétate de zinc.

L'addition du chlorure de barium n'a pas apporté de changement appréciable dans le degré sulfhydrométrique.

L'eau désulfurée absorbait encore 0^{gr} 0015 d'iode par kilogramme. Elle contenait donc des traces d'hyposulfites. D'après mes expériences un kilogramme d'eau de la source du pêcheur absorbe 0^{gr} 0315 d'iode, ce qui représente 0^{gr} 0103 de sulfure de calcium.

Ayant mis de l'eau sulfureuse en contact avec des feuilles d'argent, à l'abri du contact de l'air, je les ai vu noircir très-rapidement, et le degré sulfhydrométrique a baissé peu à peu au point de devenir presque nul. Ce fait semble indiquer la présence de l'acide sulfhydrique dans l'eau minérale, mais l'analyse y décelant de l'acide carbonique libre, on peut se demander si l'acide sulfhydrique ne provient pas de la décomposition du sulfure de calcium que contiendrait cette eau par l'acide carbonique, et si une nouvelle quantité d'hydrogène sulfuré ne serait pas mise en liberté au moment où celle qui préexistait aurait été détruite par le contact des feuilles d'argent. Je crois qu'il en est ainsi.

En traitant le résidu sec obtenu par l'évaporation d'un kilogramme d'eau sulfureuse par un excès d'acide chlorhydrique, j'ai obtenu un liquide qui a coloré en rouge le papier de curcuma, comme l'eût fait un mélange contenant de l'acide borique.

Un kilogramme d'eau de la source sulfureuse sature 0^{gr} 2900 d'acide sulfurique anhydre.

L'alcalinité du liquide est due presque en entier aux bi-carbonates de chaux et de magnésie.

Les tableaux suivants résument l'ensemble des données fournies par l'analyse chimique des sources de St-Christau.

SUBSTANCES contenues dans un kilogramme d'eau minérale.	NOMS DES SOURCES.				
	Source des Arceaux.	Source du chemin.	Source de la Rotonde (douce).	Source de la Rotonde (froide).	Source sulfureuse
	cent. cub.	cent. cub.	cent. cub.	cent. cub.	cent. cub.
Oxygène.	7. 40	7. 60	8. 10	8. 20	»
Azote.	24. 60	25. 20	24. 80	25. 10	24. 80
Acide carbonique.	0^{gr} 1380	0^{g} 1572	0^{g} 1320	0^{g} 1020	0^{g} 2400
Soufre.	»	»	»	»	0. 0046
Chlore.	0 0329	0.0334	0. 0180	0. 0154	0. 0138
Iode.	Traces.	Traces.	Traces.	Traces.	Traces.
Arsenic.	Traces.	Traces.	Traces.	Traces.	Traces.
Acide silicique.	0 0080	0.0087	0. 0064	0. 0260	0. 0210
Acide phosphorique.	0 0006	0.0007	0. 0004	Traces.	Traces.
Acide borique.	»	»	»	»	Traces.
Acide sulfurique.	0 0060	0.0058	0. 0103	0. 0075	0. 0457
Potasse.	Traces.	Traces.	Traces.	Traces.	Traces.
Soude.	0 0158	0.0160	0. 0146	0. 0134	0. 0140
Lithine.	Traces.	Traces.	Traces.	Traces.	Traces.
Baryte.	»	»	»	»	»
Strontiane.	»	»	»	»	»
Chaux.	0 0902	0.0860	0. 0744	0. 0707	0. 1180
Magnésie.	0 0190	0.0204	0. 0108	0. 0041	0. 0330
Oxyde de fer.	0 0020	0.0022	0. 0015	Traces.	Traces.
Oxyde de manganèse	Traces.	Traces.	Traces.	Traces.	Traces.
Oxyde de cuivre.	0 00015	0.00012	0. 00014	Traces.	Traces.
Matière organique.	Traces.	Traces.	Traces.	Traces.	Traces.
TOTAUX...	0^{g} 31315	0^{g} 33055	0^{g} 26852	0^{g} 2391	0^{g} 4901

SUBSTANCES contenues dans un kilogramme d'eau minérale.	NOMBRE DES SOURCES.				
	Source des Arceaux.	Source du chemin.	Source de la Rotonde (douce).	Source de la Rotonde (froide).	Source sulfureuse.
	cent. cub.	cent. cub.	cent. cub·	cent. cub	cent. cub
Oxygène.	7. 40	7. 60	8. 10	8. 20	»
Azote.	24. 60	24. 80	25. 20	25. 10	24. 80
Acide carbonique libre	0ᵍ 0004	0ᵍ 0036	0ᵍ 0110	0ᵍ 0157	0ᵍ 0510
Bicarbonate de chaux	0. 1566	0. 1600	0. 1578	0. 1275	0. 1905
de magnésie.	0. 0587	0. 0641	0. 0339	0. 0128	0. 1033
de lithine.	Traces.	Traces.	Traces.	Traces	Traces
Chlorure de sodium.	0. 0297	0. 0301	0. 0272	0. 0254	0. 0227
de calcium.	0. 0230	0. 0236	0. 0031	Traces	Traces
de magnésium	Traces.	Traces.	Traces	Traces	Traces
Iodure de sodium.	Traces.	Traces.	Traces	Traces	Traces
Sulfure de calcium.	»	»	»	»	0. 0103
Hyposulfite de chaux.	»	»	»	»	Traces
Sulfate de chaux.	0. 0096	0. 0098	0. 0175	0. 0127	0. 0777
de cuivre.	0.00035	0.00034	0. 00020	Traces	Traces
de fer.	0. 0042	0. 0046	0. 0032	Traces	Traces
Carbonate de manganèse.	Traces.	Traces.	Traces	Traces	»
Phosphate de chaux.	0. 0013	0. 0015	0. 0007	Traces	0. 0026
Arséniate de chaux.	Traces.	Traces.	Traces	Traces	»
Silicate de chaux.	0. 0139	0. 0140	0. 0104	0. 0420	0. 0339
de potasse.	Traces.	Traces.	Traces	Traces	Traces
Borate de soude.	»	»	»	»	Traces
Matière organique.	Traces.	Traces.	Traces	Traces	Traces
TOTAUX...	0ᵍ 29774	0ᵍ 31164	0. 2650	0. 2561	0. 4920

On voit à l'inspection de ces tableaux que les sources des arceaux, du chemin et de la rotonde présentent une analogie de composition telle qu'on peut les considérer comme ayant une origine commune.

Les sources du vieux établissement sont plus riches en sels de fer et de cuivre que celles de la rotonde. Ces différences que l'analyse démontre aisément sont déjà dévoilées par la saveur plus styptique des premières.

La présence du cuivre en quantité suffisante pour qu'on puisse en déterminer la proportion me parait le point le plus saillant de l'analyse des eaux de St-Christau. J'ai pu déceler le cuivre dans ces eaux en n'opérant que sur un décilitre. Je n'ai pas besoin d'ajouter que je me suis entouré des précautions les plus minutieuses pour

éviter l'emploi de vases, de papiers ou de réactifs contenant du cuivre.

Ces sources me paraissent donc pouvoir être considérées
comme devant surtout leur activité au cuivre et au fer.

La source du pêcheur appartient au groupe des sul-
furé-calciques, elle contient une quantité de sulfure de
calcium qui n'est nullement inférieure à celle de beau-
coup d'eaux sulfureuses qu'on regarde comme très actives.
J'ai constaté d'ailleurs que celle transportée à Toulouse
avait conservé la moitié de son degré sulfhydrométrique.
On pourrait donc l'exporter pour l'utiliser en boisson.

Afin de compléter mon travail j'ai procédé à l'analyse des
incrustations que dépose l'eau de St-Christau dans les chaudières où on la fait chauffer pour l'administrer en bains.

Cent parties de ce dépôt m'ont fourni :

Argile..........................	3^{gr}	60
Sesquioxyde de fer	0	60
Carbonate de chaux...............	89	60
id. de magnésie.	1	75
Silice...........................	4	45
Arsenic.........................	traces	

Ce dépôt contient en outre du cuivre, mais je n'en
fais pas mention parce que la chaudière dans laquelle
il s'était déposé était en cuivre, je n'y ai découvert aucune trace de baryte ou de strontiane, même à l'aide
du spectroscope.

En résumé les analyses qui précèdent démontrent que
les sources minérales de St-Christau contiennent des substances actives en quantité suffisante pour qu'on puisse
aisément se rendre compte de leur efficacité dans le trai-
tement de plusieurs affections morbides contre lesquelles
on les emploie depuis longtemps avec succès.

Toulouse, le 24 décembre 1862.

E. FILHOL.

PAU, IMPRIMERIE DE É. VIGNANCOUR.

www.ingramcontent.com/pod-product-compliance
Lightning Source LLC
Chambersburg PA
CBHW050442210326
41520CB00019B/6034